괴담 잡는 과학 특공대

3 공포의 공동묘지

3 공포의 공동묘지

김수주 기획 · 조인하 글 · 나오미양 그림

산하

차례

등장인물을 소개할게요! * 6

제 1 장
망부석 묘 귀신 * 8

제 2 장
귀신의 속삭임 * 42

제 3 장
푸른 옷의 귀신 * 66

등장인물을 소개할게요!

나수재 과학적 재능이 뛰어난 데다, 논리적이고 이성적이어서 세상의 모든 현상은 과학으로 풀 수 있다고 믿어요. 당연히 귀신은 믿지 않지요. 활달한 성격이지만 의외로 작은 벌레만 봐도 기겁을 해서 별명이 '쫄보'예요. 마술에 관심이 많아 가방 속에 늘 과학 마술 상자를 넣고 다니며 아이들에게 마술을 보여 주어 유명해졌어요. 괴담을 과학으로 밝혀낼 때마다 "이 세상일은 모두 과학으로 설명할 수 있어!"라고 외치지요.

이장님 '평온리'라는 산 중턱 작은 마을의 이장님이에요. 평온리에 '어린이 농장 캠프'를 열고 여러 가지 재미있는 프로그램을 진행하지요. 어린이 농장 캠프에 참여하는 아이들이 평온리 공동묘지에 올라가지 않도록 단속하기 위해 그곳에서 전해 내려오는 무서운 이야기를 들려주어요.

박기담 유치원 다닐 때부터 나수재와 붙어 다니는 단짝 친구예요. 나수재와 학교도 같고, 반도 같지요. 취미가 공포 영화와 공포 체험 너튜브 시청인 공포 마니아예요. 세상의 온갖 기이한 미스터리를 다 믿으며, 귀신의 존재도 철석같이 믿어요. 괴상한 일이 생길 때마다 "귀신이 곡할 노릇이야."라고 말해서 별명이 '귀곡소녀'지요. 태권도를 잘해서인지 담력도 세고, 겁도 없어요.

김지훈, 진원, 정승원, 노현우 평온리에서 열린 '어린이 농장 캠프'에 나수재, 박기담과 함께 참여한 아이들이에요. 이장님의 말씀을 듣지 않고 평온리 공동묘지에 갔다가 무섭고도 불가사의한 사건을 겪게 되지요.

제 1 장
망부석 묘 귀신

"후아암~."

나수재는 게임을 하느라 밤을 꼴딱 새우고는, 수업 시간 내내 하품을 해 댔어요. 마침내 딩동댕 수업 종료 종이 울리자, 나수재는 찬물로 세수하고 정신을 차리려고 벌떡 일어나 교실 문으로 향했지요. 그런데 너무 급히 서두른 탓일까요? 그만 문 앞으로 뛰어오던 최우람과 슬쩍 부딪히고 말았어요.

"앗! 미안해."

나수재는 사과하고 지나가려고 했어요. 그런데 최우람이 깐죽대며 시비를 걸어 왔어요.

"무슨 사과가 이렇게 성의가 없어. 진짜 미안하기는 해?"

"공연히 트집 잡지 마. 앞쪽은 살피지 않고 무조건 뛰어오던 네 잘못도 있잖아!"

나수재가 어이없다는 표정으로 대꾸했어요.

"맞아. 최우람, 네 잘못도 있어. 그러니까 그만해."

둘의 모습을 지켜보던 박기담이 나수재를 거들었어요. 그 말에 최우람이 야비하게 웃으면서 느물거렸어요.

"무슨 소리야? 나수재가 갑자기 나타나서 일방적으로 나한테 부딪혔다고. 만약 내가 뒤로 넘어졌으면 어떻게 할 뻔했어? 뇌진탕으로 죽을 수도 있었잖아."

"웬 뇌진탕? 억지를 부릴 걸 부려. 그리고 일방적으로 부딪힌 사람은 내가 아니라 너 같은데? 후유, 그만하자. 비켜. 나 바빠."

나수재가 화를 꾹꾹 눌러 참으며 말했어요. 그러자 최우람의 얼굴이 순식간에 붉으락푸르락 달아올랐어요.

"못 비키겠다. 어쩔래? 네가 어쩌다 한번 나를 이겼다고 얕보는 모양인데, 무릎 꿇고 정식으로 사과할 때까지 절대 못 비켜. 맞아! 너 힘세지? 그 힘으로 나를 끌어내 보든지."

말을 마친 최우람은 팔짱을 낀 채 교실 문을 막고 나수재를 노려보았어요. 사실 최우람은 얼마 전 반 친구들 앞에서 나수재에

게 망신당한 뒤, 앙갚음할 날만을 기다리고 있었어요. 그런데 마침 나수재가 딱 걸린 거지요. 나수재는 이번에야말로 최우람이 다시는 보복에 나서지 못하도록 해 주겠다고 결심했어요.

"그럼 우리 누가 힘이 센지 다시 한번 겨루어 볼까? 지난번에도 나한테 꼼짝 못 해서 개망신을 당했으면서 다시 해 볼 테야? 무슨 수를 써도 넌 절대 날 이길 수 없을걸?"

나수재가 여유로운 웃음을 흘리며 최우람의 신경을 건드렸어요. 최우람은 나수재의 도발에 홀딱 넘어가 교실이 쩌렁쩌렁하게 울릴 정도로 소리를 질렀어요.

"내가 한 번 속지, 두 번 속겠냐? 졸보가 또 무슨 속임수를 쓰려는지 잘 모르겠지만, 이번엔 내가 그 속임수를 낱낱이 밝혀낼 거야. 야! 너희도 두 눈 크게 뜨고 잘 지켜봐."

반 아이들은 더없이 좋은 구경거리에 대부분 빙글빙글 웃으며 재미있다는 표정들이었어요. 나수재는 마술사라도 된 양 아이들에게 정중히 인사한 뒤, 최우람과 책상에 마주하고 앉았지요. 그런 다음 양 손바닥을 딱 붙이고 말했어요.

"내 손바닥이 이렇게 딱 붙어 있지? 이 손바닥을 떼어 내면 돼. 아마 절대 못 뗄걸?"

여유 있는 나수재의 말투에 최우람이 기가 막힌다는 얼굴로 웃음을 터뜨렸어요.

"푸하하하. 어이, 졸보! 나 최우람이야. 우리 반에서 가장 힘센 최우람이라고. 지난번엔 너의 속임수에 깜빡 속았지만, 이번엔 네 뜻대로 안 될걸?"

"길고 짧은 것은 대 봐야 알지. 그럼, 시작할까? 수리수리마수리, 얍!"

나수재가 작은 목소리로 주문을 외웠어요. 그와 동시에 최우람이 두 손으로 나수재의 손목을 하나씩 쥐고 양쪽으로 힘껏 잡아당겼지요. 그런데 이게 웬일? 나수재의 양손은 접착제로 붙여 놓은 듯 떨어지지 않았어요. 최우람은 안간힘을 써 보았지만, 얼굴만 벌게질 뿐 도저히 나수재의 양손을 떼어 낼 수 없었어요. 화가 치민 최우람은 버럭 소리를 질렀어요.

"너 또 무슨 사기를 친 거야?"

"사기라니 무슨 소리야? 되지도 않는 소리는 그만하고, 이제 너도 나처럼 양 손바닥을 딱 붙여 봐. 내가 가볍게 떼어 주지."

나수재가 자신감을 드러내며 말했어요. 그러더니 최우람과 달리 두 손을 엑스(X) 자처럼 어긋나게 하여 최우람의 양 손목을

쥔 뒤, 양쪽으로 살짝 밀었지요. 잠시 후 반 아이들 사이에서 "우아!" 하는 감탄이 새어 나왔어요. 최우람의 양 손바닥이 가볍게 떨어졌기 때문이에요. 그러자 최우람이 바락바락 악을 썼어요.

"이건 말도 안 돼. 저 녀석이 또 무슨 속임수를 쓴 거라고!"

"에이, 참. 모두 지켜봐서 알겠지만, 난 어떤 속임수도 쓰지 않았어. 왜 넌 늘 자신의 패배를 깨끗이 인정하지 못하니? 이제 나를 가로막지 말아 줄래? 사과는 됐어."

나수재의 목소리는 냉정하기 짝이 없었어요. 최우람은 분을 이기지 못하고 숨을 씩씩거렸지만, 아무 말도 못 했지요.

나수재가 화장실에서 세수를 하고 돌아오자, 박기담이 다가와 속삭였어요.

"와, 10년 묵은 체증이 내려가는 것처럼 아주 후련하더라. 근데 새로 계발한 마술이야? 진짜 신기하던데?"

"그건 마술이 아니고, 과학이야. 우리 몸의 근육에 대해 잘 알면 누구나 가능해."

"누구나? 그럼 나도 할 수 있어?"

박기담이 눈을 동그랗게 뜨고 묻자, 나수재가 싱긋 웃으며 대답했어요.

"당연하지. 우리가 걷거나 달리고, 물건을 들어 올릴 수 있는 것은 뼈에 근육이 붙어 있어서야. 이때 쓰는 근육을 '골격근'이라고 하지. 골격근은 뼈의 안쪽과 바깥쪽에 연결되어 오므라들거나 펴지면서 뼈를 움직여. 그래서 우리는 몸을 움직일 수 있지. 예를 들어 팔을 굽힐 때에는 안쪽 근육은 오므라들고 바깥쪽 근육은 펴져. 반대로 팔을 펼 때에는 안쪽 근육은 펴지고 바깥쪽 근육은 오므라들지."

"그것과 손바닥을 떼어 내는 것이 무슨 상관이야?"

박기담이 이해가 가지 않는다는 투로 물었어요. 나수재는 말을 이었어요.

"최우람처럼 양 손목을 잡고 떼어 낼 때에는 잡아당기는 근육을 사용해. 그런데 잡아당기는 근육은 평소에 잘 사용하지 않기 때문에 힘이 약해. 그래서 양 손바닥을 떼어 내기 힘들어. 하지만 나처럼 손을 어긋나게 하고 양 손목을 잡으면 평소에 많이 사용해서 힘이 센 미는 근육을 사용하게 되지. 그래서 양 손바닥을 쉽게 떼어 낼 수 있는 거야."

"뭐야, 난 마술인 줄 알았는데……. 그럼 최우람도 어긋나게 양 손목을 잡았더라면 네 양손을 떼어 낼 수 있었다는 거야?"

박기담이 김샌 얼굴로 물었어요. 그 말에 나수재가 장난스럽게 웃으며 대답했어요.

"맞아. 최우람이 과학 공부를 열심히 했더라면 결과가 달라졌을지도 모르지."

그때였어요. 누군가 뒷문에 서서 두 사람에게 손짓으로 교실 밖으로 나오라고 신호를 주었어요. 2반의 정소문이었어요.

"왜, 또 너희 반에 무슨 일이라도 생겼어?"

나수재가 떨떠름한 표정으로 물었어요. 그러자 정소문이 고개를 좌우로 흔들었어요.

"우리 반 얘기가 아니고, 우리 외가댁이 있는 평온리 얘기야. 요즘 그곳에서 해괴한 일이 벌어지고 있더라고."

"해괴한 일이라고? 뭔데? 빨리 얘기해 줘."

박기담이 두 눈을 빛내며 재촉했어요.

"알았어. 지난주 일요일이 외할아버지 생신이었거든. 그래서 외가댁에 갔는데, 평소와 달리 마을 분위기가 어수선하더라고."

"왜? 귀신이라도 나왔대?"

박기담의 말에 정소문의 목소리가 갑자기 줄어들었어요.

"맞아! 우리 외할머니 말씀으로는 얼마 전부터 마을에 자꾸 괴이한 일들이 생긴대. 어떤 사람은 귀신의 울음소리를 들었다고 하고, 어떤 사람은 실제로 귀신을 보기도 했다는 거야. 그 작은 마을에 별별 귀신 체험담들이 다 떠돌더라니까. 하여튼 마을 사람들이 모였다 하면 온통 귀신 얘기만 하는 통에 우리 외할머니는 꿈자리까지 뒤숭숭하시대."

"정말 귀신을 실제로 보셨대? 와, 진짜 부럽다. 왜 나한테는 귀신이 안 나타날까?"

박기담이 진심으로 부러운 표정을 짓자, 나수재가 어이없다는 듯이 두 사람을 쳐다보며 퉁명스레 대꾸했어요.

"하여튼 너희는 툭하면 있지도 않은 귀신 타령이구나."

그 말에 정소문은 살짝 삐친 듯 입을 쭉 내밀었어요.

"쳇, 너희가 귀신 얘기를 좋아하기에 일부러 전해 주러 왔는데 이러기야? 섭섭한데? 앗! 수업 시작하겠다. 그럼 난 갈게."

정소문이 손을 흔들며 사라지자, 박기담이 벌써 기쁨에 들뜬 얼굴로 나수재를 쳐다보며 말했어요.

"갈 거지?"

"밑도 끝도 없이 어딜 가자는 거야?"

"당연히 평온리지. 어디겠어?"

"후유, 넌 그 얘길 믿어? 모든 괴담은 다 근거 없는 헛소문일 뿐이라니까. 그리고 평온리가 어딘 줄 알고 가?"

나수재가 관심 없다는 투로 말했어요. 박기담은 순간 멈칫했지만, 곧 스마트폰을 열심히 들여다보기 시작했어요.

"이번엔 확실히 느낌이 온다고. 이번에야말로 반드시 귀신 영상을 찍어서 인별에 올릴 테야. 평온리를 찾아보니까, 숲도 많은 게 딱 귀신이 좋아할 만한 곳인데? 어?"

갑자기 박기담의 목소리가 커졌어요.

"됐다! 갈 방법이 있어."

"무슨 소리야?"

여전히 심드렁한 나수재의 눈앞에 박기담이 스마트폰을 들이댔어요.

"이번 주말부터 평온리에서 매달 열리는 '어린이 농장 캠프'가 있대. 마침 다음 주 초까지 연휴잖아. 평온리는 우리 동네에서 그리 멀지도 않아. 그러니까 나랑 같이 가자. 응?"

박기담의 간곡한 부탁에도 나수재가 대답하지 않자, 박기담은 이내 비웃으며 말했어요.

"아, 알았다. 무서워서 그러지?"

그 말에 나수재가 발끈하여 소리쳤어요.

"무슨 소리야? 늘 그렇듯 너랑 같이 조사하는 게 내키지 않아서 대답을 안 했을 뿐이야. 그런데 생각해 보니 평온리에서 벌어지는 일들이 왠지 마술사의 수법이랑 비슷해. 그렇다면 가 봐야겠지."

말을 마친 나수재의 얼굴은 울적한 반면, 박기담의 얼굴에는 회심의 미소가 떠올랐어요.

'후훗. 역시 걸려들었어! 하여튼 졸보는 진짜 단순해. 자존심을 건드리거나 호기심만 자극하면 금방 걸려든다니까.'

주말이 되었어요. 나수재와 박기담은 '어린이 농장 캠프'에 참가하러 평온리를 찾았어요. 평온리는 산 중턱에 자리 잡은 마을이었어요. 사람들이 많이 떠나간 탓에 군데군데 빈집이 보였지만, 울창한 숲으로 둘러싸인 아름다운 곳이었지요. 두 사람은 이장님 집에 짐을 풀고 잠시 쉬고 있었어요. 그런데 잠시 뒤, 바깥에서 엄청난 비명과 어지러운 발소리가 들렸어요.

"어? 무슨 소리지?"

두 사람은 얼른 밖으로 뛰어나왔어요. 바깥에는 캠프 참가자로 보이는 아이들 서너 명이 새파랗게 질린 얼굴로 벌벌 떨고 있었어요.

"얘들아, 왜 그래? 무슨 일이야?"

나수재와 박기담이 깜짝 놀라 아이들을 붙잡고 물어보았지만, 아이들은 겁을 잔뜩 먹었는지 아무 말도 못 하고 숨만 몰아쉬었어요. 두 사람은 가만가만 아이들의 등을 토닥여 주었어요. 그러자 어느 정도 진정된 아이들이 조금씩 말하기 시작했어요. 하지만 수수께끼 같은 말만 되풀이할 뿐이었지요.

"귀, 귀신!"

"갑자기 누가 잡아당겼어."

"귀신이 잡아가려나 봐!"

나수재와 박기담은 도대체 뭐가 어떻게 된 일인지 얼떨떨하기만 했어요. 그러던 차에 밖에 나갔다 돌아온 이장님이 아이들의 상태를 보더니 점잖게 나무랐어요.

"내가 너희에게 공동묘지에 가지 말라고 일부러 망부석 묘 귀신 얘기도 해 줬는데, 기어이 거기에 다녀온 모양이구나."

"어머, 이장님! 망부석 묘 귀신 얘기라니, 그게 뭐예요?"

박기담이 눈을 반짝거리며 물었어요. 이장님은 어쩔 수 없다는 듯 두 사람에게도 그 이야기를 들려주었어요.

"아주 오래전, 우리 마을에 금실 좋은 부부가 살았단다. 그런데 전쟁이 나자 남편은 전쟁터로 끌려 나갔고, 그곳에서 행방불명되고 말았지. 부인은 남편이 살아 있다고 믿으며 평생을 기다렸지만, 남편은 끝내 돌아오지 않았단다. 부인은 죽기 전에, 남편

이 돌아왔을 때 자신을 찾을 수 있게 우리 마을에 묻어 달라는 유언을 남겼지. 부인은 소원대로 마을의 공동묘지에 묻혔고, 마을 사람들은 부인의 묘를 '망부석 묘'라고 불렀단다."

이장님은 크흠 헛기침을 하고는, 말을 이었어요.

"하지만 돌보는 이 하나 없는 망부석 묘는 점점 허물어져 갔고, 보다 못한 마을 사람들이 이웃 마을 납골당으로 옮기기로 했지. 망부석 묘에서 귀신이 나타나기 시작한 건 그 이후부터야. 그래서 우리는 너희가 공동묘지 가까이 가지 못하게 막을 수밖에 없었단다. 이해해 다오. 대체 우리 마을에서 왜 이런 일이 생기는 건지, 원."

이장님은 눈살을 찌푸리며 말을 마치고는 밖으로 나갔어요.

"와, 공동묘지를 떠나기 싫어하는 망부석 묘 귀신이라니······. 영상만 찍을 수 있다면 팔로워 100만은 우습지. 후훗!"

박기담은 신이 났어요. 그러자 나수재가 단호한 목소리로 말했어요.

"넌 이장님의 얘기를 진짜라고 생각하는 거야? 이 세상에 귀신은 없어."

"그럼 다른 아이들이 공동묘지에서 봤다는 귀신은 어떻게 설명할 건데?"

박기담이 도전적인 눈으로 쏘아보며 물었어요. 그러자 나수재가 고개를 갸웃하며 미간을 모은 채 대답했지요.

"아직은 나도 잘 모르겠어. 하지만 마술사의 장난인 건 분명해. 그러니까 이따가 공동묘지에 가 보자."

"우아, 정말?"

박기담은 귀신 영상을 찍을 욕심에 저도 모르게 입이 귀밑까지 찢어졌어요.

늦은 오후, 두 사람은 가만히 이장님 집을 빠져나왔어요. 행여 이장님한테 들킬까 봐 조심조심하며 마을 뒷산에 있는 공동묘지로 올라갔지요. 그런데 두 사람이 공동묘지에 도착한 순간, 돌연 맑았던 하늘에 먹구름이 끼더니 주위가 어둑어둑해지며 바람이 불기 시작했어요. 바람이 쏴 지나가면서 나뭇가지가 내는 스산한 소리가 오싹한 분위기를 더해 주었지요.

"히익! 갑자기 날씨가 왜 이래? 사람 놀라게 말이야. 비 온다는 예보도 없었는데."

나수재가 가슴을 쓸어내렸어요. 박기담은 묘지 입구에서 인증 숏을 찍으며 대꾸했어요.

"아까 이장님이 평온리는 날씨가 변덕스러워서 비가 자주 온다고 하셨잖아. 그래서 밖에 나갈 땐 꼭 우산을 챙기라고 하셨고. 귀신이 나타나기에는 비가 좀 부슬부슬 내려 줘야 분위기가 칙칙한 게 딱이지 않아? 귀신 영상을 찍기에도 좋고 말이야."

의욕에 불타는 박기담의 모습에 나수재는 고개를 절레절레 흔들며 조심스레 공동묘지 안으로 들어갔어요. 들어가면서 살펴보니 공동묘지 뒤쪽에 빨간색, 노란색 등의 천이 잔뜩 묶인 굵은 나무가 있었는데, 한눈에도 소름이 쫙 끼쳤지요. 나수재는 휴 하고 한숨을 쉬며 이리저리 둘러보았어요. 그때 다 허물어져 가는 묘지 하나가 나수재의 눈에 들어왔어요.

"아무래도 저 묘지가 망부석 묘인 것 같아."

나수재의 말에 공동묘지 이곳저곳에서 인증 숏을 찍던 박기담이 재빨리 스마트폰을 들이대며 망부석 묘 앞으로 다가갔어요. 그 순간, 놀랄 만한 일이 벌어졌어요. 박기담이 들고 있던 이장님 집 우산이 슬쩍 들리더니, 누가 잡아당기는 것처럼 망부석 묘 쪽으로 끌려가는 게 아니겠어요?

"헉! 귀, 귀신이야!"

"으아악! 이건 말도 안 돼."

나수재와 박기담은 고래고래 소리를 지르며 험준한 산길을 단숨에 달려 내려왔어요. 두 사람은 가쁜 숨을 몰아쉬며 이장님 집으로 뛰어 들어갔지요. 그러자 이장님 집에 있던 아이들이 깜짝 놀라며 두 사람에게 물었어요.

"무슨 일이야? 너희 혹시 공동묘지에 갔다 왔어?"

나수재와 박기담은 고개를 끄덕끄덕했어요.

"응, 근데 우리 좀 전에 귀신을 본 것 같아."

'귀신'이라는 말에 아이들은 겁먹은 얼굴이 되었어요. 하지만 두 사람에게 동질감을 느꼈는지 너도나도 공동묘지에서 겪은 일을 이야기하기 시작했어요. 먼저 김지훈이라는 아이가 몸서리를 치며 말을 꺼냈어요.

"사실 우리도 아까 공동묘지에서 이상한 일이 있었어. 망부석 묘를 보고 가까이 다가갔는데, 갑자기 누군가 내 우산을 확 잡아당겼거든. 얼마나 놀랐는지 몰라."

"어머, 나도 똑같은 경험을 했어. 정말 기절하는 줄 알았다니까! 아까는 너도 많이 놀랐겠다."

흥분한 박기담이 침까지 튀기며 김지훈의 말에 맞장구를 쳤어요. 그러자 진원이라는 아이가 큰 눈을 더 크게 뜨며 떨리는 목소리로 말을 받았어요.

"난 어린이 농장 캠프 기념 컵을 받아 가방에 매달았는데, 글쎄, 귀신이 그 컵을 잡아당기더라고. 그래서 뒤도 안 돌아보고 죽어라 도망쳤다니까."

듬직해 보이는 정승원이라는 아이도 고개를 끄덕였어요.

"나도 원이처럼 어린이 농장 캠프 기념 컵을 가방에 매달았어. 그런데 하필 귀신이 그 컵을 잡아당기는 바람에 얼마나 무섭던지 발이 안 떨어져서 혼났어."

"그랬어? 근데 이상하네. 나도 어린이 농장 캠프 기념 컵은 아니지만 가방에 컵을 매달았는데, 내 컵은 안 잡아당기더라고. 귀신이 어린이 농장 캠프 기념 컵만 좋아하나?"

볼살이 통통한 노현우라는 아이가 고개를 갸우뚱하며 대꾸했어요. 그러자 박기담이 의아하다는 표정이 되었어요.

"거참. 귀신이 곡할 노릇이네. 귀신이 왜 어린이 농장 캠프 기념 컵만 잡아당겼을까?"

"그러게. 원이, 승원이, 현우는 컵 좀 나한테 보여 줄래?"

나수재도 신기해하며 세 아이의 컵을 자세히 살펴보았어요. 그 순간, 나수재의 머릿속에 어떤 생각이 번뜩 떠올랐어요. 나수재는 두 눈을 반짝 빛내며 박기담에게 귓속말을 했어요.

"귀신이 나오는 망부석 묘라니, 말도 안 돼. 거기엔 반드시 비밀이 숨겨져 있어. 이따 그곳에 다시 한번 가 보자. 그럼 그 비밀을 밝혀낼 수 있을 거야."

저녁을 먹기 전, 두 사람은 또다시 몰래 이장님 집을 빠져나와 공동묘지로 갔어요. 오싹한 느낌은 덜했지만, 역시 으스스했지요. 두 사람은 잡초가 무성한 망부석 묘로 향했어요. 그런데 망부석 묘가 가까워지자, 나수재가 챙겨 온 과학 마술 상자에서 나침반을 꺼냈어요.

"엥? 웬 나침반? 공동묘지의 방향이라도 알아내려는 거야?"

박기담이 고개를 갸우뚱하며 물었어요. 나수재는 나침반 바늘에 시선을 고정한 채 대답했지요.

"아니, 내 생각이 맞는지 검증하는 거야."

그런데 나침반을 든 나수재가 망부석 묘 가까이 가자, 놀라운 일이 벌어졌어요. 북쪽을 가리키던 나침반이 빙글 움직이더니 전혀 다른 방향을 가리키는 게 아니겠어요?

"어? 왜 이래? 나침반이 고장 났어?"

박기담의 눈이 동그래졌어요. 그런데 놀랄 사이도 없이 박기담이 가져온 우산이 저 혼자 슬쩍 방향을 바꾸어 묘에 꽂히는 듯하더니, 우산 전체가 망부석 묘에 찰싹 달라붙었어요. 박기담은 갑작스럽게 벌어진 사태에 당황한 나머지 말까지 더듬었지요.

"귀, 귀신이 나타났어."

그런데 박기담의 말에 나수재가 확신에 찬 목소리로 외쳤어요.

"귀신은 없다니까. 그리고 이 세상일은 모두 과학으로 설명할 수 있어!"

"그럼 이게 정말 귀신의 짓이 아니란 말이야?"

박기담의 눈이 의심의 빛을 띠었어요. 하지만 나수재는 자신만만해 보였지요.

"똑똑히 봐. 망부석 묘 귀신의 정체야."

나수재는 말이 끝나기 무섭게 우산이 착 달라붙어 있는 망부석 묘의 풀을 들추었어요. 그러자 풀 속에 숨겨져 있던 커다란 덩어리가 모습을 드러냈지요.

"앗! 이게 뭐야? 쇳덩어리 아니야?"

박기담이 눈을 크게 떴어요.

"이건 쇳덩어리가 아니고, 강력한 전자석이야."

나수재가 안경을 쓱 밀어 올리며 낮은 목소리로 말했어요.

"전자석? 그게 뭔데?"

박기담이 고개를 갸우뚱하며 물었어요. 그러자 나수재가 조곤조곤 설명했어요.

"'전자석'은 전류가 흐르는 전선 주위에 자석의 성질이 나타나는 것을 이용해서 만든 자석이야. 철심에 전선을 감고, 전기 회로에 연결해서 만들지."

"그럼 전자석도 자석과 성질이 같아?"

박기담은 어느새 궁금한 얼굴이 되었어요.

"오, 좋은 질문인데? 막대자석처럼 항상 자석의 성질이 나타나는 자석은 '영구 자석'이라고 해. 영구 자석과 전자석은 몇 가지 차이가 있어. 영구 자석은 전류가 흐르지 않아도 자석의 성질이 나타나지만, 전자석은 전류가 흐를 때에만 자석의 성질이 나타나. 또한 영구 자석은 자석의 극이 일정하지만, 전자석은 전류가 흐르는 방향이 바뀌면 전자석의 극도 바뀌지."

나수재는 숨을 한번 고르고는, 검지손가락을 척 들었어요.

"마지막으로 아주 중요한 성질 하나! 영구 자석은 자석의 세기가 일정하지만, 전자석은 세기를 조절할 수 있어. 그래서 아주 센 전자석도 만들 수 있지."

박기담이 놀란 표정을 지었어요.

"아주 센 전자석? 여기 있는 것처럼 우산이 끌려갈 정도로?"

"응. 이런 사실을 잘 알고 있었던 마술사는 아주 센 전자석을 망부석 묘의 풀숲에 교묘히 숨겨 놓았어. 그리고 사람들이 망부석 묘에 가까이 오면 전자석이 자동으로 작동하게 했지. 그래서 전자석이 철로 만든 물건들과 바늘이 자석인 나침반을 끌어당긴 거야."

나수재의 설명에 박기담이 우산을 보더니, 아는 척을 했어요.

"아하! 우산이 망부석 묘로 끌려간 이유도 꼭지의 끝부분이 철이기 때문이구나."

"맞아. 처음엔 우산 꼭지의 끝부분이 끌려갔지만, 우산이 묘지에 가까워지자 철로 만든 우산대까지 끌어당겨지면서 나중에는 우산 전체가 묘에 달라붙은 거지. 어린이 농장 캠프 기념 컵만 끌어당겨진 이유도 그 컵이 철로 만들어졌기 때문이었어. 현우란 아이의 컵은 플라스틱이더라고."

"그런 거였어? 마술사 진짜 대단하다. 아이큐(IQ)도 좋지만, 지큐(ZQ)도 좋은가 봐."

박기담의 입에서 탄성이 터져 나왔어요. 나수재는 그만 박기담에게 짜증이 치밀어 톡 쏘아붙이고 말았어요.

"지큐라면, 잔머리 지수? 나 원 참. 기막혀서. 넌 지금 마술사의 수법을 보고 감탄할 게 아니라, 마술사의 얕은수를 밝혀낸 나한테 감동해야 하는 거 아니야?"

두 사람이 서로 티격태격하는데, 망부석 묘에 붙어 있던 우산이 바닥으로 뚝 떨어졌어요. 나수재가 떨어진 우산을 집어 들더니 양미간을 찌푸리며 말했어요.

"전자석이 일정 시간만 작동하도록 설치되었나 봐. 일정 시간만 전류가 흐르게 말이야. 어쨌든 망부석 묘에서 일어난 괴이한 일은 귀신의 짓이 아니라 마술사가 꾸민 게 확실해."

문득 박기담은 울상이 되었어요.

"진짜 김새네. 이번엔 분명히 귀신의 짓인 줄 알았거든."

"내가 몇 번이나 말했잖아. 이 세상에 귀신 같은 건 없다고!"

나수재가 딱 잘라 말했어요. 그러더니 낮은 목소리로 말을 덧붙였어요.

"하여튼 범인인 마술사를 잡기 전까지 이 일은 비밀이야. 다들 귀신의 짓이라고 믿게 내버려두자. 이장님한테도 말하면 안 돼. 알았지?"

박기담은 고개를 끄덕이면서도 귀신을 보지 못한 아쉬움에 짜증이 났어요. 한편, 나수재는 진실을 밝혀내 뿌듯하기보다는 생각이 복잡하기만 했어요.

'마술사는 왜 평온리 공동묘지에서 이런 해괴망측한 일을 벌이는 거지?'

안경 너머 나수재의 눈빛이 매섭게 타오르고 있었어요.

전자석

전기와 자석의 성질

나침반은 자석의 성질을 이용하여 방향을 찾는 데 도움을 주는 기구야. 나침반의 바늘이 자석이어서 항상 N극이 북쪽을 가리키지. 그래서 막대자석을 나침반에 가까이 가져가면 나침반의 바늘이 움직여. 그런데 전류가 흐르는 전선을 나침반 주위에 놓아도 나침반 바늘이 움직이지. 이는 전류가 흐르는 전선 주위에 자석의 성질이 나타나기 때문이야.

전류가 흐르는 직선 전선 주위에 나침반을 놓았을 때 나침반 N극은 각기 다른 방향을 가리켜. 이 방향은 원 모양이지. 전류가 흐르는 전선을 중심으로 원을 그리고 그 위에 나침반을 쭉 놓아 보면 확실히 알 수 있어. 전류가 흐르는 방향이 바뀌면 나침반 N극이 가리키는 방향도 바뀌지. 이렇게 직선 전선에 흐르는 전류의 방향에 따라 나침반 N극이 가리키는 방향을 쉽게 기억하는 방법이 있어. 오른손 엄지손가락을 전류가 흐르는 방향으로 향하게 하고 네 손가락으로 전선을 감싸 쥐면, 감싸는 방향이 나침반 N극이 가리키는 방향이야.

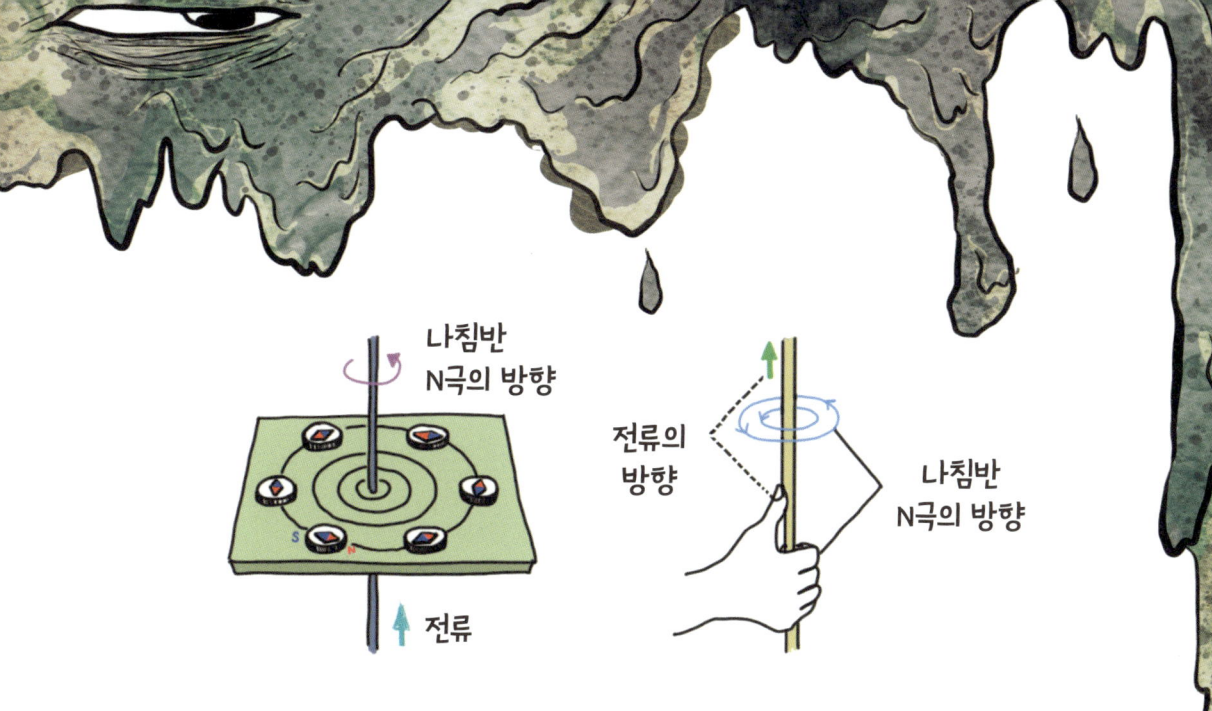

전기로 만든 자석, 전자석

전류가 흐르는 전선 주위에 자석의 성질이 나타나는 것을 이용해 만든 자석을 '전자석'이라고 해. 전자석은 철심에 전선을 고리 모양으로 여러 번 감고, 전기 회로와 연결해서 만들어.

우리가 흔히 보는 막대자석처럼 항상 자석의 성질이 나타나는 자석은 '영구 자석'이라고 해. 전자석과 영구 자석은 자석의 성질이 나타난다는 점에서 같아. 하지만 전자석은 다음 표처럼 영구 자석과 다른 점이 몇 가지 있지.

영구 자석	전자석
전류가 흐르지 않아도 자석의 성질이 나타난다.	전류가 흐를 때에만 자석의 성질이 나타난다.
자석의 극이 일정하다.	전류의 방향이 바뀌면 극도 바뀐다.
자석의 세기가 일정하다.	자석의 세기를 조절할 수 있다.

그럼 어떻게 하면 더 힘센 전자석을 만들 수 있을까? 전자석에 전류를 많이 흘릴수록, 더 굵은 전선을 쓸수록, 철심에 전선을 많이 감을수록 더 힘센 전자석이 되지.

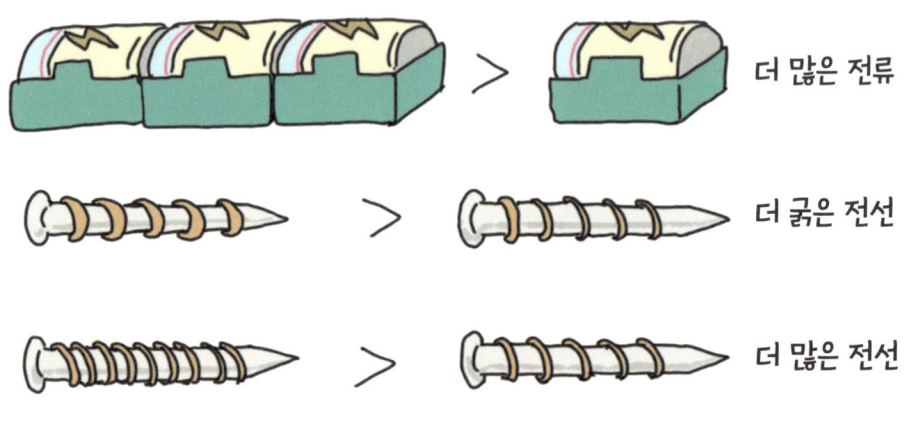

더 힘센 전자석을 만드는 방법

전자석의 다양한 용도

우리 생활에서 전자석이 이용되는 곳은 셀 수 없이 많아. 폐차장이나 철강을 만드는 공장에서 전자석 기중기를 사용하면 자동차 같은 무거운 물건도 쉽게 들어 올려 옮길 수 있어. 그밖에 선풍기, 스피커, 세탁기 등 많은 전자 기기와 자기 부상 열차에도 전자석이 이용돼.

전자석을 이용한 장난

공동묘지의 망부석 묘에 다가갔을 때 갑자기 우산이나 어린이 농장 캠프 기념 컵이 끌려간 것은 귀신이 잡아당긴 것이 아니라 전자석에 대해 잘 아는 사람이 꾸민 장난이야. 범인은 아주 센 전자석을 망부석 묘의 풀숲에 교묘히 숨겨 놓았어. 그리고 사람들이 망부석 묘 가까이 오면 전자석이 자동으로 작동하게 했지. 우산이 망부석 묘로 끌려간 이유는 꼭지의 끝부분이 철이었기 때문이야. 우산이 묘지에 가까워지자 철로 만든 우산대까지 끌어당겨지면서 나중에는 우산 전체가 묘에 달라붙은 거지. 어린이 농장 캠프 기념 컵이 끌려간 것도 그 컵이 철로 만들어졌기 때문이야. 플라스틱 컵은 끌려가지 않았지.

반짝 상식

전자기 유도

영국 과학자 마이클 패러데이(1791~1867)는 전선에 전류가 흐르면 그 주위에 자석의 성질이 나타난다는 사실을 전해 들었어. 그리고 만약 전기가 자석의 성질을 만들어 낸다면, 자석으로 전기를 만드는 것도 할 수 있지 않을까 생각했지. 그는 전선을 고리 모양으로 여러 번 감은 뒤, 고리 안쪽으로 자석을 넣었다 빼기를 반복했어. 그랬더니 전선에 전류가 흘렀어. 이 현상을 '전자기 유도'라고 하지. 전자기 유도를 이용해 전기를 만들어 내는 발전기가 발명되었고, 우리가 전기를 사용할 수 있게 되었어. 오늘날 우리가 사용하는 전기는 대부분 바로 이 전자기 유도 현상을 이용해 만들어.

제 2 장
귀신의 속삭임

　이튿날은 어제와 달리 날이 아주 화창해서 농장 체험을 하기에 딱 맞았어요. 게다가 모기 기피제 만들기, 블루베리 따서 잼 만들기 등 재미있는 체험이 많아서 오전 시간이 후딱 지나갔지요. 농장에서 오전 체험을 마친 아이들은 점심을 먹으러 숙소로 가다가, 잠자리 떼가 보이자 소리를 질렀어요. 진원이 장난기 넘치는 눈으로 아이들을 바라보며 말했어요.

　"우리 누가 잠자리를 제일 많이 잡는지 시합할까?"

　"좋아! 그럼 우리 1등 한 사람한테 좀 전에 만든 블루베리잼 몰아주자."

　김지훈이 거들고 나서며 분위기를 띄웠어요. 그 말을 신호탄으로 여기저기에서 아이들이 "오케이!", "찬성!" 등을 외치며 잠자리 채집 경쟁에 뛰어들었어요.

"나도 찬성! 블루베리잼은 몽땅 내 거야!"

승부욕이 강한 박기담이 얼른 팔을 걷어붙이고 잠자리를 향해 내달았어요. 아이들은 잠자리를 잡기 위해 서로 소리치며 뛰어다녔지요. 어느새 잠자리를 잡은 아이들은 날개를 손가락 사이에 끼우고 장난을 치고 있었어요. 하지만 박기담은 잠자리를 잡을 듯 잡을 듯하면서도 번번이 놓치기 일쑤였어요.

"에잇, 뭐야! 잠자리까지 날 무시하는 거야?"

박기담이 짜증을 부리자, 나수재가 다정하게 말했어요.

"열 받지 마. 내가 도와줄게. 잠자리에게 최면을 걸면 되거든."

"뭔 소리를 하는 거야? 나를 놀리면 재미있니?"

박기담이 부르르 떨며 나수재를 노려보았어요.

"진짜야. 내 말을 믿어. 내가 지금 잠자리한테 최면을 걸 테니까, 그때 얼른 잡으면 돼."

나수재의 말에 박기담이 어이없다는 표정을 지었어요. 하지만 나수재는 전혀 개의치 않고 진지한 얼굴로 풀잎에 앉아 있는 잠자리를 쳐다보았어요. 그러더니 잠자리가 앉은 곳 2~3미터 앞에서 집게손가락으로 커다랗게 원을 그리며 가만가만 다가갔지요. 나수재는 잠자리에게 가까이 다가갈수록 원을 작고 빠르게 그렸어요. 그러자 정말 잠자리가 최면에 걸린 듯 가만히 있는 게 아니겠어요? 박기담의 두 눈이 어느새 왕방울만 해졌어요. 그때 나수재가 속삭였어요.

"지금이야! 빨리 잡아."

그 말에 정신을 차린 박기담은 얼른 잠자리의 날개를 잡았어요. 박기담이 혼자 잡을 때에는 그렇게 안 잡히던 잠자리가 나수재의 최면(?) 덕분인지 너무나도 싱겁게 잡혔지요.

"도대체 이게 어떻게 된 일이야?"

박기담이 깜짝 놀라며 묻자, 나수재가 빙긋 웃으며 대답했어요.

"잠자리에게는 머리의 대부분을 차지할 정도로 커다란 두 개의 겹눈이 있어."

"겹눈? 그게 뭔데?"

"하나하나의 낱눈이 육각형의 벌집 모양으로 여러 개 모여 된 눈을 말해. 잠자리의 겹눈은 많게는 약 2만 8000개의 낱눈으로 이루어져 있지. 그런데 손가락으로 원을 그리면 낱눈 하나하나에서 손가락의 움직임을 보기 때문에 판단력이 흐려져서 움직이지

않아. 그 순간을 이용해서 쉽게 잠자리를 잡는 거야."

"쳇, 진작에 좀 알려 주면 얼마나 좋아? 그나저나 난 겨우 한 마리밖에 못 잡았으니, 1등은 이미 글렀네."

박기담이 꿍얼꿍얼 푸념을 늘어놓았어요. 그 모습을 본 나수재가 씩 멋쩍은 웃음을 지어 보이더니 아이들에게 말했어요.

"얘들아, 우리가 잡은 잠자리를 다시 날려 보내는 게 어때? 그럼 모두 1등이잖아. 귀중한 생명도 살리고, 힘들게 만든 블루베리 잼도 지킬 수 있으니 일거양득이라고 생각되는데."

그러자 여기저기서 "찬성!" 소리와 함께 아이들의 손에 있던 잠자리가 다시 날개를 펼치고 하늘로 날아올랐어요.

잠시 후, 숙소로 돌아온 아이들은 점심을 먹고 각자 자유 시간을 갖기로 했어요. 나수재와 박기담은 방에서 쉬기로 했지요. 그런데 박기담이 은근슬쩍 나수재 옆으로 오더니 속닥거렸어요.

"우리 조금 이따 공동묘지에 가자."

"싫어."

나수재가 딱 잘라 거절하자 박기담이 섭섭한 표정을 지었어요.

"너무하네. 이유도 안 물어보고 단칼에 자르다니 말이야."

나수재도 너무했다 싶었는지 이유를 물었어요.

"공동묘지에는 왜 가려는 건데?"

"사진 찍으려고. 공동묘지 자체가 인별에 올릴 만한 거잖아. 어제는 좋은 사진을 못 찍었거든. 그러니까 같이 가자. 으응?"

박기담이 특유의 콧소리를 내며 애교를 떨었지만, 나수재에게는 아무 소용이 없었어요.

"나는 됐어. 안 갈래. 특별히 과학적으로 밝힐 것도 없거든."

나수재는 아무렇지도 않은 듯 무심하게 말했지만, 사실은 공동묘지에 다시 가기가 무서워서 핑계를 댔을 뿐이었어요. 그러자 나수재의 속마음을 꿰뚫어 본 박기담이 본색을 드러내고 빈정거렸어요.

"넌 왜 그렇게 생각이 짧아? 지금까지 마술사가 벌인 일을 생각해 봐. 마술사가 공동묘지의 망부석 묘 하나에만 속임수를 썼겠어? 틀림없이 다른 곳에도 장난을 쳐 놓았겠지. 그런데도 안 가겠다고? 마음대로 해."

"어휴, 알았어. 같이 가면 될 거 아니야!"

박기담의 입꼬리가 저도 모르게 슬쩍 올라갔어요. 나수재는 또 걸려들었다는 생각에 짜증이 끓어올랐지만, 박기담의 말도 일리가 있었어요.

잠시 후, 나수재와 박기담이 다시 찾은 공동묘지는 고요하다 못해 을씨년스러웠어요. 두 사람은 등골이 오싹했지만, 마술사의 또 다른 속임수를 찾기 위해 공동묘지의 이곳저곳을 부지런히 돌아다녔지요. 그런데 예상과 달리 아무것도 찾을 수 없었어요.

"이상하네? 망부석 묘 하나에만 장난을 친 건가?"

나수재가 고개를 갸우뚱하며 중얼거리자, 박기담이 눈을 빛내며 대꾸했어요.

"그럴 리가 있어? 좀 더 찾아보자. 틀림없이 뭔가 있을 거야."

두 사람은 공동묘지 위쪽에 있는 작은 공터로 올라가 보기로 했어요. 그런데 두 사람이 공터에 다다랐을 때였어요. 어디선가 갑자기 섬뜩한 목소리가 들렸어요.

"이리 와~."

두 사람의 몸이 공포심에 나무토막처럼 굳어졌어요.

"헉! 이, 이게 무슨 소리지?"

간신히 속삭이는 나수재의 목소리는 갈라져 있었어요. 박기담도 놀랐는지 비명을 질렀어요.

"으아아악! 귀신이 부르는 소리인가 봐."

나수재와 박기담은 혼비백산해서 산길을 구르듯 뛰어 내려왔

어요. 순식간에 이장님 집에 도착한 두 사람은 가쁜 숨을 몰아쉬었지요.

"우리가 진실을 파헤치겠다며 공동묘지를 여기저기 헤집고 다니는 바람에 귀신이 노한 게 틀림없어. 우리를 잡아가려나 봐. 어떡하지? 흑."

박기담이 여전히 공포에 질린 얼굴로 온몸을 부들부들 떨며 울먹였어요. 나수재도 혼란스럽기는 마찬가지였지요. 고민 끝에 두 사람은 이장님에게 이 사실을 알리기로 했어요. 잠시 후, 두 사람에게 이야기를 전해 들은 이장님이 화를 꾹꾹 눌러 참으며 물었어요.

"가지 말라고 그렇게 당부했잖니. 근데 너희가 이상한 소리를 들은 곳이 어디니?"

"음, 공동묘지 위쪽에 있는 작은 공터였어요."

어느 정도 진정된 박기담이 기억을 더듬으며 대답했어요. 그러자 이장님은 뭔가 짚이는 것이 있는지 자리를 고쳐 앉으며 한숨을 쉬었어요.

"후유, 이제 어쩔 수가 없구나. 다 얘기해 주는 수밖에."

"네? 뭐가 또 있어요? 뭔지는 모르겠지만, 다 솔직히 말씀해 주세요."

 나수재가 단호한 목소리로 말했어요. 이장님은 마지못해 고개를 끄덕이더니, 이야기를 시작했어요.

 "너희가 이상한 소리를 들은 그 공터에는 아주 오래전 외지에서 이사 와 혼자 사는 할머니의 집이 있었단다. 그런데 할머니가 이사 오고 얼마 지나지 않아 마을에 원인 모를 전염병이 퍼졌지. 마을에는 할머니가 전염병을 몰고 왔다는 소문이 파다했고, 그 이야기를 들은 마을 사람들은 할머니가 아예 집에서 나오지 못하게 대문을 막아 버렸다는구나."

 "어머나, 세상에! 너무 심했다."

 박기담의 눈에 눈물이 어렸어요. 이장님도 마음이 아픈지 울적한 얼굴로 말을 이었어요.

 "그러게 말이다. 본의 아니게 마을로부터 격리당하여 갇혀 지내던 할머니는 결국 시름시름 앓다가 세상을 떠나고 말았지. 세월이 지나고 할머니의 집이 있던 곳에는 공동묘지가 들어섰단다. 그런데 언제부터인가 마을 사람들이 할머니의 집이 있던 곳에 가면 어디선가 갑자기 '이리 와~.' 하는 원한에 사무친 목소리가 들린다는 거야. 마을 사람들은 원통하게 돌아가신 할머니가 마을 사람들을 잡아가려고 부르는 소리라고 생각한단다."

"와! 그럼 너튜브에서만 보던 일을 우리가 실제로 경험한 거잖아?"

박기담은 어느새 무서움은 까맣게 잊고 귀신의 목소리를 들었다는 사실에 감격했는지 한동안 말을 잇지 못했어요. 반면, 나수재는 황당하다는 표정을 지으며 이장님에게 물었어요.

"이장님은 저희가 귀신한테 해코지를 당할까 봐 공동묘지에 가지 말라고 하신 거예요?"

"그래, 모처럼 우리 마을에 체험 학습하러 온 너희한테 무슨 일이라도 생기면 큰일이잖니? 그러니까 다시는 너희끼리 공동묘지에 가면 절대 안 된다. 알았지?"

이장님은 두 사람에게 신신당부했어요. 두 사람은 어쩔 수 없이 고개를 끄덕끄덕했지요. 그런데 박기담이 이장님의 방을 나오자마자 나수재에게 다가오더니 귓속말을 했어요.

"억울하게 죽은 할머니 귀신의 목소리라니……. 아까는 경황이 없어서 그냥 뛰어 내려왔지만, 이거야말로 인별에 올릴 만한 일이야. 그러니까 우리 이따 이장님 몰래 다시 가자. 이번에는 반드

시 귀신의 소리를 녹음해 오고 말 거야."

박기담의 말에 나수재가 고개를 살짝 끄덕였어요. 하지만 의지를 불태우는 박기담과 달리 나수재는 한시라도 빨리 귀신 목소리의 속임수를 밝혀 마술사에 대한 단서를 찾아내겠다는 마음뿐이었지요.

잠시 후, 두 사람은 이장님 집에서 살짝 빠져나와 공동묘지로 갔어요. 그런데 공동묘지에 이를 무렵, 갑자기 보슬비가 소리도 없이 내리기 시작했지요. 가뜩이나 오싹한데 비까지 내리자, 공동묘지는 한층 섬뜩한 분위기를 풍겼어요.

"쳇! 날씨 한번 진짜 변덕스럽네."

박기담이 큰 소리로 꿍얼대며 챙겨 온 우산을 폈어요. 나수재도 얼른 박기담이 편 우산으로 들어갔지요. 두 사람은 우산을 쓴 채 공동묘지 위쪽의 작은 공터로 향했어요. 비가 와서 땅이 질척질척했지만, 곧 작은 공터에 있는 커다란 나무 밑에 이르렀어요. 몇 시간 전, 두 사람이 귀신의 목소리를 들은 바로 그 장소였지요. 그런데 아까와 달리 한참을 서 있어도 아무 소리도 들리지 않았어요.

"왜 아무 소리도 안 들리지? 거참, 귀신이 곡할 노릇이네."

박기담이 어리둥절해했어요. 나수재도 고개를 갸우뚱했지요.

"아, 비 그쳤다."

비가 그치고 해가 나기 시작하자, 박기담이 우산을 접었어요. 그 순간, 갑자기 두 사람의 귀에 목소리가 또렷이 들렸어요.

"이리 와~."

깜짝 놀란 두 사람의 팔에 소름이 쫙 돋는 순간, 나수재의 머릿속에 무엇인가 번개처럼 스치고 지나갔어요. 나수재는 저도 모르게 소리쳤지요.

"이 세상일은 모두 과학으로 설명할 수 있어!"

"뭐야? 알아낸 거야?"

박기담이 긴가민가한 표정으로 나수재를 쳐다보았어요. 나수재는 고개를 끄덕이며 무엇인가를 찾는 듯 주변을 두리번거렸어요. 그러더니 머리 위를 보고는 씩 웃었어요.

"찾았다."

나수재는 두 사람의 머리 위에 있는 굵은 나뭇가지를 가리켰어요. 그곳에는 반구 모양의 장치가 있었지요. 그 장치는 나뭇잎으로 교묘히 가려져 있었는데, 그곳에서 "이리 와~."라는 소리가 반복적으로 흘러나오고 있었어요.

"어머, 저게 뭐야?"

박기담이 화들짝 놀라며 물었어요.

"저건 지향성 스피커야!"

"지향…… 뭐라고? 그게 뭔데?"

나수재의 대답에 박기담이 어리둥절해하자, 나수재가 빙그레 웃으며 설명을 시작했어요.

"'지향성 스피커'란 소리가 사방으로 퍼져 나가는 일반 스피커와 달리 한 방향으로만 소리가 전달되도록 만든 스피커를 말해.

소리는 공기나 물 같은 물질을 통해 전달되는데, 나아가다가 물체에 부딪쳐 되돌아오는 성질이 있어. 이를 '소리의 반사'라고 해. 바위산에서 메아리를 들어 본 적 있지? 퍼져 나가던 소리가 바위에 부딪쳐 반사되어 다시 들리는 거야."

"근데 소리의 반사가 귀신의 목소리하고 무슨 관련이 있어?"

박기담이 이해가 안 간다는 표정을 지었어요. 나수재가 지향성 스피커를 보며 대답했어요.

"아주 밀접한 관련이 있지. 왜냐하면 소리가 반사되는 성질을 이용해 만든 것이 바로 저런 종류의 지향성 스피커거든. 저 스피커의 중심에 둥글게 튀어나온 것이 보이지? 저 부분을 '초점'이라고 하는데, 우리가 들은 소리는 초점에서 나오는 거야."

"그럼 초점에서 소리가 나와서 그냥 들리는 거 아냐?"

박기담이 눈을 끔벅거리며 말하자, 나수재가 고개를 저으며 말을 이었어요.

"에이, 그럼 저 포물선면 반사판이 왜 있겠어. 포물선면의 성질에 따라서, 초점에서 나온 소리는 포물선면 반사판에 반사된 다음, 반사판 아래쪽으로 평행하게 나아가게 되어 있어. 그래서 이 반사판 안쪽에 있는 사람에게만 소리가 들리는 거야. 조금만 벗

어나도 들리지 않지."

박기담의 눈이 신기하다는 듯이 커졌어요. 그러고는 바로 두어 발짝 옮겨서 반사판 밖으로 나갔다가 다시 들어오며 호들갑을 떨었어요.

"어머, 정말이네! 여기 밖으로 나가니까 소리가 안 들려!"

"그치? 이 사실을 잘 알았던 마술사는 '이리 와~.'라는 소리가 반복 녹음된 초소형 녹음기를 지향성 스피커와 연결해서 틀어 놓았어. 그러면 그 소리가 포물선면 반사판에서 반사된 후 반사판 아래쪽으로 평행하게 나아가기 때문에 반사판 안쪽에 있는 사람에게만 들리는 거야."

"음, 그렇구나."

박기담은 고개를 끄덕이다가 문득 의아하다는 표정이 되어 물었어요.

"그런데 좀 전에는 반사판 밑에 들어와 있었는데 왜 아무 소리도 안 들렸을까?"

나수재가 어깨를 으쓱하며 대꾸했어요.

"우리가 우산을 쓴 채 반사판 밑으로 왔기 때문에 반사된 소리가 다시 우산에 반사된 거야. 그러니까 당연히 우리 귀에는 아무 소리도 안 들린 거지."

"그럼 우리 귀에 다시 '이리 와~.'라는 소리가 들린 건 내가 우산을 접었기 때문이구나. 쳇! 알고 나니 시시하네."

기대가 컸던 만큼 실망도 컸는지 박기담이 어깨를 축 늘어뜨렸어요. 나수재는 조금은 미안한 마음이 들었어요. 그래서 나름 박기담을 위로했어요.

"그러니까 이 세상에 귀신 같은 건 없다고 했잖아. 그렇게 실망할 일이 아니야."

"난 진짜 귀신의 목소리인 줄 알았지. 그나저나 너 오늘 좀 멋

지다. 이렇게 으스스한 한기가 느껴지는 공동묘지에서도 침착하게 마술사의 속임수를 밝혀냈잖아!"

박기담이 기운을 차리고는, 웬일로 엄지손가락을 추켜세우며 나수재를 칭찬했어요. 그러자 나수재가 쑥스러운 듯 안경을 들어 올리며 슬쩍 말을 돌렸어요.

"멋지긴. 그보다 이게 정말 마술사의 짓이라면 왜 사람들을 공동묘지에서 쫓아내려고 안달일까? 아무리 생각해도 그 이유를 모르겠어."

"그러게. 하여튼 진짜 나쁜 놈이야."

박기담이 말하며 이맛살을 찌푸렸어요.

"분명한 건 절대 가만두면 안 된다는 거야. 하지만 염려 마! 내가 반드시 잡아서 왜 이런 일을 꾸몄는지 밝혀낼 테니까."

나수재는 찝찝한 마음을 억누르며 굳게 다짐했어요. 그러나 분개하던 박기담은 어느새 공동묘지의 구석구석을 영상으로 담으며 환한 표정을 지었어요.

"뭐, 이 영상들도 인별에 올릴 가치가 충분하니까."

엉뚱한 데가 있는 박기담의 모습에 나수재는 고개를 절레절레 흔들면서도 입가에는 희미한 미소가 떠올랐어요.

소리의 반사

소리의 전달

"아~" 하고 소리를 내면서 목에 손을 대 봐. 떨림이 느껴지지? 이처럼 물체가 떨리면 소리가 나. 이렇게 생긴 소리는 한곳에 머무르지 않고 여러 가지 물질을 통해 전달되지.

우리 생활에서 들리는 소리는 대부분 기체인 공기를 통해 전달되지만, 나무나 철과 같은 고체, 물과 같은 액체를 통해서도 전달돼. 이런 물질을 '매질'이라고 해. 땅에 귀를 대고 소리를 듣는 것은 흙이라는 고체를 통해 전달되는 소리를 듣는 거야. 수중 발레 선수들은 수중 스피커로 음악을 듣는데, 이는 물을 통해 전달되는 소리를 듣는 거지. 반대로 매질이 없으면 소리가 전달되지 않아. 그러니까 매질이 없는 우주에서는 소리가 안 들리겠지?

소리의 반사

소리는 나아가다가 물체에 부딪쳐 되돌아오는 성질이 있어. 이를 소리의 반사라고 해. 바위산에서 메아리가 생기는 이유는 나아가던 소리가 바위에 부딪쳐 반사되기 때문이야.

소리는 거울, 유리, 콘크리트, 나무판같이 단단한 물체에서는 잘 반사돼. 이와 반대로 솜, 스펀지, 이불같이 부드러운 물체에서는 소리가 흡수되어 잘 반사되지 않아. 목욕탕이나 아무것도 없는 텅 빈 방에서 소리를 내면 울리는데, 이는 나아가던 소리가 단단한 벽에 부딪쳐 잘 반사되기 때문이지. 반대로 시끄러울 때 이불을 뒤집어쓰면 소리가 덜 들리는데, 이는 부드러운 이불이 소리를 흡수하기 때문이야.

나무판	스펀지
단단한 물체에서 소리의 반사	부드러운 물체에서 소리의 반사

지향성 스피커의 원리

'지향성 스피커'는 소리가 사방으로 퍼져 나가는 일반 스피커와 달리 한 방향으로만 소리가 나는 스피커야. 지향성 스피커는 여러 종류가 있는데, 이 중에는 소리의 반사를 이용하는 것들이 있어.

이들 스피커는 주로 포물선면 모양의 반사판을 이용하는데, 그 이유는 바로 포물선면의 특성 때문이야. 포물선면의 초점에서 발생한 소리는 포물선면에서 반사된 후 아래쪽으로 평행하게 나아가거든. 그래서 반사판 안에 있는 사람에게만 소리가 들리고, 조금만 벗어나도 소리가 들리지 않지. 그리고 소리를 한 방향으로 모아서 보내기 때문에 더 멀리까지 소리를 전달할 수 있어.

지향성 스피커는 박물관이나 미술관 등 전시장에서 널리 쓰여. 전시된 작품 중 소리가 나는 작품이 함께 있는 경우, 해당 작품을 감상하는 위치에 지향성 스피커를 설치해. 그러면 다른 작품을 감상하는 사람들에게 방해가 되지 않고 소리를 전달할 수 있지.

지향성 스피커를 이용한 장난

공동묘지의 작은 공터에서 들렸던 목소리는 귀신의 목소리가 아니라 소리의 성질을 잘 아는 범인이 꾸민 장난이야. 범인은 공터 근처의 나무에 포물선면 반사판을 이용한 지향성 스피커를 감추어 놓고, "이리 와~."라는 소리가 녹음된 초소형 녹음기를 연결했어. 그런 다음 녹음기를 틀어 놓았지. 그 소리는 포물선면에서 반사된 후 아래쪽으로 평행하게 나아가기 때문에, 반사판 안에 있는 사람에게만 소리가 들리게 돼. 그런데 나수재와 박기담이 우산을 쓰고 반사판 밑으로 왔을 때에는 그 소리가 우산에 반사되어 다른 방향으로 전달되었기 때문에 아무 소리도 들리지 않았던 거야.

반짝 상식

반향을 효율적으로 이용하는 동물, 박쥐

소리가 다른 물체에 부딪쳐 다시 돌아오는 메아리는 '반향'이라고도 하는데, 이를 아주 효율적으로 이용하는 동물이 바로 박쥐야. 주로 밤에 활동하는 박쥐는 동굴처럼 어두운 곳에서 살아. 눈이 거의 소용없기 때문에 소리를 이용해 사물의 위치를 확인하지. 박쥐는 사람이 들을 수 없을 정도로 매우 높은 음의 소리인 초음파를 사방으로 쏘며 날아다니는데, 이 소리의 반향을 듣고 어떤 물체가 어느 곳에 있는지 판단해. 반향이 없다면 장애물이 없다는 뜻이고, 반향이 빨리 돌아오면 그만큼 가까운 곳에 장애물이 있다는 뜻이거든. 그래서 박쥐는 동굴 벽이나 맛있는 먹이까지의 거리를 가늠할 수 있지.

제 3 장
푸른 옷의 귀신

일찌감치 저녁을 먹고 난 나수재와 박기담은 방 안에서 공동 묘지에서 겪은 일에 대해 의견을 나누었어요.

"틀림없이 평온리 사람 짓이야. 한 군데도 아니고 두 군데잖아. 누군가 공동묘지를 건드리는 게 싫어서 그러는 거라고."

박기담이 자신만만한 모습으로 말하자, 곰곰 생각하던 나수재가 미간을 찡그리며 대꾸했어요.

"그럼 그 사람이 마술사에게 의뢰했겠군."

하지만 막연한 추측만 있을 뿐, 확실한 증거가 있는 것은 아니었어요. 게다가 왜 이런 일을 꾸미는지 그 동기가 전혀 짐작되지 않았지요. 나수재가 답답한지 작게 한숨을 쉬었어요. 그때 누군가 두 사람이 있는 방문을 두드렸어요. 김지훈이었어요.

"캠프에 와서 방 안에만 있을 거야? 같이 놀자. 옆방에 다 모여 있으니까 얼른 나와."

나수재는 머릿속이 복잡했지만, 어쩔 수 없이 박기담과 함께 옆방으로 갔어요. 그런데 아이들이 망부석 묘에서 귀신을 본 탓인지 저마다 알고 있는 무서운 이야기를 하기 시작했어요. 그러자 괴담 마니아인 박기담은 얼굴에 희색이 돌았어요. 자신이 직접 겪은 경험담을 실감 나게 늘어놓으며 물 만난 고기처럼 분위기를 주도했지요.

"와, 너 진짜 용감하다!"

김지훈이 부러운 듯 박기담을 쳐다보며 감탄했어요.

"그러게. 난 망부석 묘에서 겪었던 일을 생각하면 지금도 가슴이 벌렁벌렁 뛰는데."

진원이 몸을 부르르 떨며 진저리를 치자, 박기담이 어깨를 으쓱하며 말했어요.

"훗! 그 정도 가지고 무섭다고 하면 괴담 마니아라고 할 수 없지. 내가 나중에 인별에 영상 올릴 테니까, 무섭다고 하지 말고 꼭 봐."

"허, 진짜 못 말린다니까!"

나수재가 고개를 절레절레 흔들었어요. 그때 한쪽에서 아이들의 이야기를 듣던 이장님의 어머니가 갑자기 목소리를 낮추며 끼어들었어요.

"너희, 혹시 공동묘지에 갔다가 뒤쪽에 있는 커다란 나무 본 사람 있니?"

그 말에 가장 먼저 반응한 사람은 역시 박기담이었어요.

"빨간색, 노란색 등의 천이 걸쳐진 나무 말인가요?"

정승원과 노현우도 주저주저하며 대답했어요.

"저도 멀리서 보긴 했는데……."

"그 나무라면 저도 봤어요."

"여럿이 보았구나. 그 나무는 이 마을의 신을 모시는 당산나무란다. 그런데 그 당산나무에 얽힌 전설이 하나 있지. 한번 들어 보겠니?"

"당연히 들어야죠."

박기담이 나서서 선수를 치며 애교까지 부렸어요. 그러자 할머니는 아이들과 눈을 하나하나 맞추며 "조금 무서운데……."라고 말끝을 흐리더니, 나지막하게 이야기를 시작했어요.

"옛적부터 평온리 사람들은 당산나무에 마을을 지키는 신이 산다고 믿어서 해마다 제사를 지냈단다. 그런데 일제 강점기에 어떤 일본 놈이 하늘이 무섭지도 않은지 마을 사람들이 말리는데도 굳이 당산나무를 베려고 했다는구나."

"헉, 진짜 나쁜 놈이네요."

박기담이 마른침을 꼴깍 삼키며 맞장구를 쳤어요. 할머니는 목소리를 더욱 낮추며 말을 이었지요.

"그런데 그놈이 도끼로 당산나무 둥치를 내리찍자마자 나무에서 피가 철철 흘렀단다. 그리고 갑자기 푸른 옷을 입은 귀신이 나타나 그놈을 나무 안으로 끌고 가 버렸다는구나."

"와, 속이 다 시원하다."

"나쁜 놈, 천벌을 받았네요."

김지훈과 진원이 손뼉을 치며 말했어요. 그런데 할머니의 이야기는 이게 끝이 아니었어요.

"사실 내 얘기는 지금부터가 진짜란다. 내가 얼마 전에 동네 마실을 갔다가 밤에 돌아오게 되었는데, 어쩌다 보니 당산나무 앞을 지나게 되었지. 근데 전설로만 들었던 푸른 옷을 입은 귀신이 당산나무 앞에 떡하니 서 있지 뭐니. 얼마나 놀랐던지 신발이 벗어진 줄도 모르고 뛰어 내려왔단다."

"어머, 정말이에요? 진짜 당산나무 앞에서 귀신을 보셨어요?"

박기담이 당장이라도 당산나무 앞으로 달려갈 기세로 물었어요. 할머니는 천천히 고개를 주억거렸어요.

"그렇다니까. 그래서 난 그 뒤로 다시는 공동묘지 근처에도 안 간단다."

그러자 거실에 있던 아이들이 비명을 지르고 난리가 났어요.

"으아아! 무서워. 온몸에 소름이 쫙 끼쳤어!"

겁에 질린 노현우가 발발 떨며 목소리를 쥐어짰어요. 노현우 옆에 앉아 있던 정승원은 새하얘진 얼굴로 연신 이마를 훔쳤어요.

"진짜 무섭다. 나 식은땀 나는 거 보이지?"

하지만 다른 아이들과 달리 박기담은 흥미진진한 표정으로 벌떡 일어나서 아이들을 향해 외쳤어요.

"얘들아, 드디어 귀신을 직접 볼 수 있게 됐어. 난 오늘 밤 당산나무 귀신을 보러 공동묘지에 갈 거야. 너희도 가자!"

"귀신이 잡아가면 어쩌려고 그러니? 절대 안 된다."

할머니가 펄쩍 뛰며 말렸어요. 나수재 역시 박기담의 손을 잡아끌며 말했지요.

"허, 참. 괜히 속 썩이지 말고 집에 있어. 이 세상에 귀신은 없다니까."

그러자 박기담이 비웃음을 가득 담은 눈으로 나수재를 쳐다보고는 귓속말을 했어요.

"흥. 마술사를 잡고 싶다는 말은 다 거짓말인가 봐?"

그리고 한쪽 입꼬리를 살짝 올리며 덧붙였지요.

"혹시 무서워서 그래?"

"무슨 소리야? 그럴 리가 있어? 까짓것, 가면 될 것 아니야."

나수재는 또 박기담의 도발에 홀딱 넘어갔어요. 할머니와 다른 아이들이 모두 걱정스레 쳐다보자, 나수재는 땅이 꺼질 듯이 한숨을 내쉬었어요.

그날 밤, 두 사람은 다른 아이들이 잠든 틈을 타 공동묘지로 갔어요. 어둠에 감싸인 공동묘지는 더욱 으슬으슬한 한기를 뿜어내고 있었어요. 불길한 적막감마저 감돌았지요. 바람이 쏴 지나가면서 나뭇가지가 스산한 소리를 내자, 무서움은 배가 되었어요. 나수재가 자신도 모르게 박기담의 손을 꼭 붙잡았어요. 그러자 박기담이 피식 웃으며 나수재를 놀렸어요.

"졸보, 왜 그래? 무서워?"

"무섭긴 뭐가 무서워? 네가 넘어질까 봐 잡아 주는 거잖아!"

나수재가 큰소리를 땅땅 치자, 박기담이 흥 하고 콧방귀를 뀌었어요. 두 사람은 망부석 묘를 지나 공동묘지 뒤쪽에 있는 당산나무로 향했어요. 울긋불긋한 천이 걸려 있는 당산나무는 언제 봐도 소름이 쫙 끼쳤지요. 그때였어요. 멍하니 당산나무를 바라보던 두 사람 앞에 갑자기 무언가 휙 하고 지나갔어요.

"히이익!"

나수재가 비명을 지르며 뒤로 벌렁 나자빠졌어요. 박기담도 순간 가슴이 철렁 내려앉았지만, 혹시 귀신이 나타났나 싶어 자세히 살펴보았어요. 그랬더니 형형한 눈빛의 고양이가 어둠 속에서 박기담을 노려보고 있었어요.

"졸보, 눈 떠! 공동묘지에 사는 길고양이야."

박기담은 고개를 절레절레 흔들며 나수재를 일으켜 세웠어요. 나수재가 조심스레 눈을 뜨며 힘없이 중얼거렸어요.

"후유, 길고양이였어? 고마워, 귀곡소녀! 이런 일이 있을 때마다 도와줘서……."

두 사람이 정신을 가다듬으며 당산나무를 다시 본 그때였어요.

"어? 저게 뭐야?"

박기담의 말과 함께 두 사람은 당산나무 앞쪽의 무언가를 보고 그 자리에서 얼어붙었어요. 나타난 거예요, 키가 어른만 하고 푸르스름한 형체가!

"으아아악!"

"귀, 귀신이다!"

나수재와 박기담은 오싹한 공포감에 휩싸인 채 쏜살같이 내달렸어요. 정신없이 뛰어 내려오다 보니 어느새 이장님 집 대문 앞이었지요. 긴장이 풀린 두 사람은 그대로 대문 앞에 주저앉고 말았어요.

"아, 또 당했네. 근데 이상한걸? 우리가 당산나무에 도착하자마자 기다리기라도 한 듯 귀신이 모습을 드러냈잖아. 마술사의 짓이라면 우리가 그 시간에 당산나무에 갈지 어떻게 알았지? 분명히 뭔가가 있어."

나수재가 의아하다는 표정으로 말했어요. 하지만 박기담은 황홀한 얼굴로 나수재를 바라보며 대꾸했어요.

"이상하긴 뭐가 이상해? 우리가 드디어 진짜 귀신을 본 거라고. 그래서 말인데, 내 생각에 이번 일은 마술사와 관련이 없는 것 같아. 내가 그 힘든 와중에도 영상을 찍었으니까, 한번 확인해 봐."

"뭐? 대체 언제 영상을 찍었어?"

나수재의 두 눈이 휘둥그레졌어요. 박기담은 어깨를 으쓱하며 우쭐댔지요. 하지만 박기담이 찍은 영상은 두 아이의 비명과 함께 온통 흔들린 화면뿐이었어요.

"뭐야? 으악 소리밖에 안 들리는데?"

나수재의 지적에 박기담이 불평을 늘어놓았어요.

"조금 흔들리기는 했지만, 푸르스름하게 귀신의 모습이 찍혔잖아. 그리고 내가 찍은 최초의 귀신 영상인데 칭찬 좀 해 주면 어디가 덧나니? 내가 얼마나 힘들게 찍었는데."

"그래도 이건 너무 많이 흔들렸잖아. 뭘 찍었는지 도통 알아볼 수가 없는걸?"

나수재가 퉁명스레 말을 내뱉었어요. 하지만 박기담은 이미 나수재의 말에는 전혀 신경 쓰지 않고, 또 다른 계획을 세우고 있었어요.

"우리 내일 낮에 다시 한번 당산나무에 가 보자. 낮에 가서 평범한 당산나무를 찍은 뒤, 지금 영상과 같이 올리면 확실히 비교

되잖아. 그리고 혹시 알아? 또다시 귀신을 만날지."

박기담이 찍은 온통 흔들린 영상 속 푸르스름한 형체가 실제로 귀신일 수도 있다는 생각에 나수재의 심정은 착잡하기 이를 데 없었어요.

다음 날 아침, 나수재와 박기담은 재빨리 아침을 먹어 치운 뒤 다른 사람들 몰래 다시 공동묘지로 갔어요. 울긋불긋한 천 조각들이 매달린 당산나무는 여전히 으스스한 분위기를 풍겼지요. 두 사람은 조심스레 당산나무 가까이 다가갔어요. 박기담은 언제라도 영상을 찍을 수 있게 재빨리 스마트폰을 꺼내 들었어요. 하지만 귀신은 그림자도 보이지 않았어요.

"오늘은 귀신이 안 보이네? 아침이라 그런가? 어제는 분명히 여기서 귀신을 봤는데……."

박기담은 구시렁거리면서도 부지런히 영상을 찍었어요. 그동안 나수재는 냉철한 눈빛으로 당산나무의 이곳저곳을 살펴보았지요. 그런데 특이하게 당산나무에는 둥치부터 나무줄기에 이르기까지 버섯이 무리 지어 자라고 있었어요. 나수재가 버섯을 자세히 살펴보고 있는데, 어느새 다가온 박기담이 버섯을 향해 손을 뻗었어요.

"오, 엄마랑 시장에 갔을 때 본 느타리랑 똑같이 생겼네?"

그런데 나수재가 깜짝 놀라 얼른 박기담의 손을 붙잡으며 말렸어요.

"안 돼! 야생에서 자라는 버섯을 함부로 만지면 위험한 일이 생길 수 있어. 버섯 중에는 식용 버섯과 아주 비슷하게 생긴 독버섯이 많거든."

"아, 그래? 난 느타리인 줄 알고 따 가려고 했지."

박기담은 어깨를 으쓱하더니 다시 당산나무 주변을 영상으로 담기 시작했어요. 나수재는 그사이에 당산나무에서 자란 버섯 무리의 사진을 찍었지요.

이윽고 두 사람은 마을로 돌아와 다른 아이들과 함께 어린이 농장 캠프의 남은 일정에 참여했어요. 박기담은 특유의 친화력으로 그새 친해진 아이들과 체험 학습에 열심이었지요. 그와 달리 나수재는 스마트폰으로 무언가를 찾기도 하고, 혼자 골똘히 생각에 잠기기도 하면서 남은 일정을 설렁설렁 해치웠어요.

나수재는 저녁을 먹으면서도 아무 말 없이 생각에 잠겨 있다가, 무언가 결심한 듯 박기담에게 다가가 속닥거렸어요. 두 사람은 은밀히 무언가를 꾸미는 듯 보였지요. 잠시 후, 박기담은 모든 사람이 다 듣게 커다란 목소리로 말했어요.

"난 8시쯤에 귀신 보러 당산나무에 갈 거야. 어제도 가긴 했지만, 제대로 영상을 못 찍어서 말이야. 오늘은 선명한 귀신 영상을 찍어서 인별에 올릴 거야. 너희도 갈래?"

마지막 말은 다른 아이들을 보고 한 말이었어요. 하지만 모두 고개만 가로저을 뿐, 오히려 두 사람을 외계인 보듯이 이상한 눈으로 쳐다보았지요.

오후 8시가 되자, 두 사람은 보무도 당당하게 또다시 공동묘지로 향했어요. 하지만 불길한 적막감이 감도는 공동묘지에 들어서자, 전신으로 퍼지는 섬뜩한 기분과 좍 끼치는 소름은 어쩔 수가 없었어요. 때맞추어 비까지 내리기 시작했어요.

"에잇, 또 비야? 급히 나오느라 우산도 안 챙겨 왔는데."

박기담이 꿍얼대며 살그머니 당산나무 뒤쪽으로 돌아갔어요. 나수재는 쉬 하고 입술에 손가락을 대며 당산나무 앞쪽으로 다가갔지요. 그 순간, 갑자기 지난번처럼 어둠 속에서 푸르스름한 형체가 모습을 드러냈어요. 그때였어요. 나수재가 당산나무 뒤쪽으로 뛰어가며 소리쳤어요.

"꼼짝 마라, 마술사!"

그 말이 끝나기 무섭게 당산나무 옆에 있던 검은 그림자가 후다닥 달아나기 시작했어요. 나수재는 검은 그림자의 뒤를 쫓으며 소리를 버럭 질렀어요.

"거기 안 서? 마술사, 이 나쁜 놈아!"

나수재는 화가 머리끝까지 뻗쳤지만, 마술사의 얼굴을 볼 생각에 가슴이 두근두근했어요. 그때였어요. 도망가던 검은 그림자가 갑자기 철퍼덕 넘어졌어요. 그리고 어둠 속에서 박기담이 모습을 드러냈어요.

"와, 정말 이쪽으로 오네? 어떻게 알고 여기에 줄을 매어 놓으라고 했어?"

"훗, 당산나무 뒤쪽으로 돌아가면서 몰면 도망갈 곳이 이쪽밖에 없거든."

나수재가 의기양양하게 말했어요.

"우아, 드디어 잡았다. 마술사, 요놈! 어디 얼굴 좀 보자."

박기담이 손전등으로 바닥에 맥없이 주저앉아 있는 범인을 비추었어요. 그런데 범인의 얼굴을 본 두 사람은 의아함과 당혹감을 감추지 못했어요.

"이장님?"

나수재와 박기담이 입이라도 맞춘 듯 동시에 외쳤어요.

"이장님, 이게 어떻게 된 거예요? 이 일을 꾸미신 게 이장님이에요?"

박기담의 물음에 이장님은 민망한 듯 고개를 푹 숙인 채 끄덕끄덕했어요. 그러고는 툭툭 털고 일어나며 되물었어요.

"너희야말로 어떻게 당산나무 귀신이 진짜가 아니라는 생각을 한 거냐? 그리고 내가 꾸민 일이라는 건 어떻게 알았어?"

"이장님이 이 일을 꾸미신 건 몰랐지만, 귀신이 진짜가 아니라는 건 알았죠."

나수재의 대답에 박기담이 고개를 갸우뚱하며 다급하게 끼어들었어요.

"그러고 보니 정말 어떻게 알았어? 나는 아까 네가 범인을 알아냈으니 당산나무 뒤쪽으로 가서 길목에 줄을 매어 놓으라는 얘기만 들었잖아."

"내가 당산나무 귀신의 진실을 밝혀 줄게. 이 세상일은 모두 과학으로 설명할 수 있어!"

나수재는 박기담, 이장님과 함께 다시 당산나무 앞쪽으로 되돌아갔어요. 당산나무 앞쪽에서는 여전히 푸르스름한 귀신의 모습이 보였어요. 하지만 나수재가 가지고 온 손전등으로 푸르스름한 형체를 비추자, 낮에 왔을 때 본 버섯들이 보였어요. 푸르스름한 빛은 버섯이 뿜어내고 있었던 거예요.

"어머, 버섯에서 빛이 나네? 이게 말이 돼?"

박기담이 두 눈을 동그랗게 뜨고 묻자, 나수재가 차근차근 설명했어요.

"이 버섯은 화경버섯이야. 버섯은 곰팡이와 함께 '균류'에 속하는 생물이지. 균류는 보통 거미줄처럼 가늘고 긴 모양의 균사로 이루어져 있고, 포자로 번식해. 버섯은 윗부분인 '갓'과 아랫부분인 '자루', 자루 아래에 뻗은 '균사'로 되어 있어. 그리고 갓의 안쪽에 있는 '갓 주름'에서 포자를 만들어 퍼뜨리지."

"잠깐, 균류에 대해서는 충분히 알았어. 그러니까 화경버섯이나 설명해 줘."

박기담이 손을 내저으며 나수재의 말을 끊었어요. 나수재는 아쉬운 표정을 지으며 설명을 계속했지요.

"화경버섯은 느타리와 비슷하게 생겼지만, 독버섯 중 하나야. 여름부터 초가을 사이에 볼 수 있는데, 서어나무, 너도밤나무 등의 죽은 부분에 무리 지어 자라지. 특이하게 갓 주름에 빛을 내는 물질이 있어서 밤이 되면 푸른빛이 나. 몇몇 장소에서만 자라기 때문에 우리나라에서는 좀처럼 보기 힘든 버섯이야."

"와, 정말? 신기하다."

박기담은 믿기지 않는 듯 벌린 입을 다물지 못했어요. 나수재의 설명을 잠자코 듣던 이장님도 깜짝 놀랐는지 자신도 모르게 목소리를 높였어요.

"넌 처음부터 이게 화경버섯인지 알고 있었니?"

나수재가 고개를 가로저으며 대답했어요.

"아니에요. 버섯을 처음 봤을 때에는 몰랐어요. 그러다 할머니가 해 주신 푸른 옷의 귀신 이야기가 생각났고, 불현듯 화경버섯을 떠올리게 되었죠. 검색해 보니 맞더라고요."

"하여튼 대단해. 당산나무 근처에 누군가 있을 거라는 생각은 어떻게 한 거야?"

박기담이 궁금한 말투로 묻자, 나수재가 살짝 빼기며 추리한 바를 털어놓았어요.

"진짜 귀신이 나타난 것처럼 보이려면 화경버섯을 천으로 살짝 가렸다가, 밤이 되어 당산나무 근처에 사람이 왔을 때 천을 확

내렸을 거로 추측했을 뿐이야. 그래야 사람들이 갑자기 나타난 푸르스름한 빛을 보고 귀신이라고 착각하잖아. 그렇다면 당연히 당산나무 근처에 사람이 있을 거로 생각했지."

"오, 대단하구나. 네 말이 모두 맞다."

나수재의 정확하고 명쾌한 추리에 이장님이 엄지손가락을 치켜세웠어요.

"어쨌든 당산나무 귀신은 결국 화경버섯이라는 거지? 우아, 맥 빠진다. 난 정말 귀신 영상을 찍은 줄 알고 설레어서 어제 한숨도 못 잤단 말이야. 그런데 그게 이장님의 장난이었다니……. 힝, 영상도 못 올리게 생겼잖아."

박기담은 우울한 얼굴로 우두커니 서서 당산나무만 바라보았어요. 그러자 이장님이 미안해하며 박기담의 어깨를 토닥여 주었어요.

"정말 미안하게 됐다. 사실 내가 이런 괴이한 일을 꾸민 이유는 우리 농촌이 너무 황폐해졌기 때문이란다."

"농촌이 황폐해져요? 왜요?"

박기담이 눈을 동그랗게 뜨고 물었어요.

"농사를 짓는 것만으로는 살기가 힘든 데다, 젊은이들은 도시로 떠나고 노인들만 있다 보니 마을이 점점 쇠락해 간 거야."

이장님은 한숨을 푹 내쉬고는, 말을 이었어요.

"그래서 오랜 시간 고민하다가 궁여지책으로 괴담을 만들어 퍼뜨린 거야. 그럼 공포 이야기를 좋아하는 사람들이 몰려올 테니까. 사람들이 몰려들면 마을에 활기가 넘치고, 그로 인한 관광 수익도 늘어날 거라고 생각했단다. 너희처럼 특이한 아이들이 올 거라고는 전혀 생각하지 못했어."

"그럼 망부석 묘하고 귀신 소리가 들리는 나무도 전부 이장님이 꾸며 내신 거예요?"

박기담이 울상을 지으며 묻자, 이장님이 민망한 얼굴로 대꾸했어요.

"그래, 면목이 없구나."

그때 나수재에게 문득 한 가지 의문이 떠올랐어요

"마을 어르신들도 전부 이장님의 계획을 알고 계세요?"

"당연하지. 그분들의 협조가 없으면 불가능하니까. 마을의 발전을 위해 모두 흔쾌히 내 계획에 동참하셨지."

"평온리 어르신들이 모두 한패였군요. 근데 사실 저는 나름 무서우면서도 재미있었어요."

어느새 기운을 차린 박기담이 이장님에게 환한 미소를 보냈어요. 나수재도 거들었어요.

"이장님, 아예 '공포 체험 캠프'를 만들어 안전하게 운영해 보시는 건 어떠세요? 특히 화경버섯은 우리나라에서 워낙 희귀한 버섯이라 구경하러 많이 올 거 같은데요?"

"그럼 좋지! 사실 내가 이 공포 체험 아이템들을 개발하느라 얼마나 힘들었는지 몰라. 이 나이에 전자석, 소리 등에 대해 공부하느라 머리에 쥐가 다 났단다. 허허. 실험하는 건 갑절로 힘들었지."

이장님이 소탈하게 웃으며 말했어요. 그 말에 나수재가 깜짝 놀라며 물었어요.

"정말이에요? 누군가, 예를 들면 마술사 같은 사람한테 조언을 얻으신 건 아니고요?"

"마술사? 마술사가 누구냐? 아니야. 이건 전부 나의 아이디어란다."

이장님이 두 눈을 껌벅이며 힘주어 말했어요. 평온리의 괴담은 결국 마술사와 아무 관련이 없었지요. 하지만 아무 소득도 없이 시간을 헛되게 쓴 것은 아니었어요. 다른 학교에 다니는 친구들도 사귀었고, 우리 농촌의 현실에 대해서도 알게 되었기 때문이에요. 나수재는 실망하지 않고 기운을 북돋우며 다시 한번 다짐했어요.

'중요한 건 꺾이지 않는 마음이야. 또다시 기회가 오면 이번엔 절대 놓치지 않겠어. 기다려! 마술사.'

버섯

식물도 동물도 아닌 버섯

사람들은 버섯이 움직이지 않고 땅이나 나무줄기 등에서 자라니까 당연히 식물이라고 생각해. 하지만 버섯은 식물이 아니야. 물론 동물도 아니지. 버섯은 '균류'라는 미생물의 한 무리야. 곰팡이, 효모와 같은 무리에 속하지. 대부분 사람이 따뜻하다고 느끼는 온도를 좋아하고, 축축한 환경에서 잘 자라지만, 어디에서든 살 수 있어.

균류는 동물이나 식물과 마찬가지로 성장하고, 후손을 남겨. 그리고 살아가는 데 물과 공기 등이 필요하지. 하지만 뚜렷한 차이점이 있어. 동물은 식물이나 다른 동물을 잡아먹어서 양분을 얻고, 식물은 광합성을 통해 스스로 양분을 만들어. 하지만 균류는 주로 죽은 생물이나 동물의 배설물 등에서 양분을 얻거나, 다른 생물에 붙어 살면서 양분을 얻지. 또한 동물은 알이나 새끼로 번식하고, 식물은 주로 꽃이 피고 씨로 번식해. 하지만 균류는 주로 포자로 번식하지.

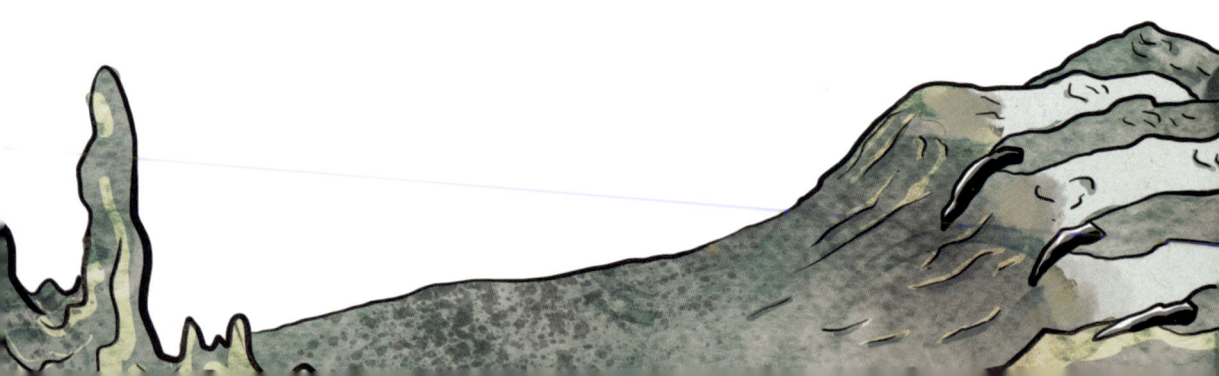

버섯의 구조

버섯의 구조는 크게 '균사체'와 '자실체'로 나뉘어. 균사체는 땅속에 묻혀 있어서 사람들이 버섯의 뿌리라고 생각하는 부분이야. 거미줄처럼 가늘고 긴 실 모양의 '균사'가 얽혀서 이루어져 있지. 균사체는 버섯이 자라는 데 필요한 물과 양분을 빨아들이는 일을 해.

자실체는 자손을 퍼뜨리는 일을 해. 버섯은 땅속에서 균사체로 살다가 자손을 남길 때가 되면 자실체가 땅 위로 솟아 나오게 돼. 그래서 사람들은 자실체를 보고 버섯의 줄기라고 생각하지만, 사실은 식물에서 꽃의 역할을 하는 부분이지.

자실체는 갓, 갓 주름, 자루로 이루어져 있어. '갓'은 버섯의 윗부분으로, 포자를 보호해. 갓 아랫부분에 있는 '갓 주름'에서는 포자가 만들어져. 포자는 아주 작아서 눈에 잘 보이지 않고, 가벼워서 공기 중에 떠서 멀리 이동할 수 있어. '자루'는 갓을 떠받치는 부분이야.

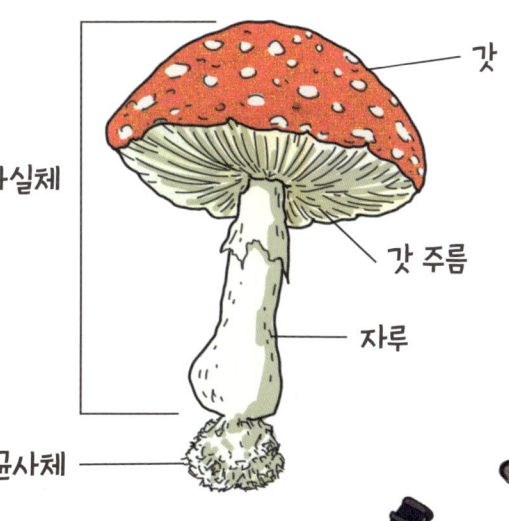

푸른빛이 나는 화경버섯

　버섯 중에는 먹을 수 있는 종류도 많지만, 일부 야생 독버섯은 잘못 먹으면 치명적인 피해를 입을 수 있어. 독버섯의 독성은 물에 씻거나 가열한다고 해서 사라지지 않기 때문에 야생 버섯은 절대 먹지 않는 편이 안전해.

　화경버섯은 독버섯 중 하나로, 여름부터 초가을 사이에 볼 수 있어. 어렸을 때에는 모양이 표고와 비슷하고, 다 자라면 느타리와 비슷하지. 서어나무, 너도밤나무, 졸참나무 등의 죽은 부분에 무리 지어 자라.

　그런데 화경버섯은 아주 큰 특징이 있어. 바로 밤이 되면 희미한 푸른빛을 낸다는 거지. 그래서 '달버섯'이라고도 해. 이는 갓 주름에 빛을 내는 발광 물질이 있기 때문이야. 광릉, 설악산, 지리산 같은 극히 일부의 장소에서만 자라기 때문에 우리나라에서는 좀처럼 보기 힘든 버섯이야.

화경버섯을 이용한 장난

이장님은 우연히 당산나무에 무리 지어 자란 화경버섯이 밤에 푸른빛을 내는 모습을 보고는, 화경버섯을 괴담에 이용하기로 마음먹었어. 그래서 이장님은 어스름한 저녁에 화경버섯을 천으로 살짝 가렸다가, 밤이 되어 당산나무 근처에 사람이 오면 천을 확 내렸지. 그래야 사람들이 갑자기 나타난 화경버섯의 푸르스름한 빛을 보고는 귀신이라고 착각할 테니까 말이야. 어두컴컴한 밤, 공동묘지의 당산나무에서 나타나는 푸른 옷 귀신의 정체는 바로 화경버섯이었어.

반짝 상식

달걀버섯을 사랑한 네로 황제

달걀버섯은 어릴 때에는 하얀색 알처럼 생긴 포자 주머니 안에 싸여 있다가, 자라면서 주머니 위쪽을 뚫고 붉고 화려한 색깔의 갓이 나와. '달걀버섯'이라는 이름은 바로 이 모습 때문에 붙은 것으로 추측돼. 이 갓은 자라면서 편평해지지. 달걀버섯은 독특한 맛과 향으로 유명해. 로마의 황제였던 네로는 버섯 가운데 특히 달걀버섯을 좋아해서, 백성들이 달걀버섯을 따 오면 버섯의 무게만큼 황금을 상으로 내렸다고 해.

괴담 잡는 과학 특공대
③ 공포의 공동묘지
제1판 제1쇄 발행일 2024년 11월 5일

김수주 기획 | 조인하 글 | 나오미양 그림

펴낸이·곽혜영 | 편집·박철주 | 외주편집·김수주 | 디자인·소미화 | 마케팅·권상국 | 관리·김경숙
펴낸곳·도서출판 산하 | 등록번호·제2020-000017호
주소·03385 서울특별시 은평구 연서로26길 27, 대한민국
전화·02-730-2680(대표) | 팩스·02-730-2687
홈페이지·www.sanha.co.kr | 전자우편·sanha0501@naver.com

ⓒ 조인하, 나오미양, 김수주 2024

ISBN 978-89-7650-592-7 74400
ISBN 978-89-7650-589-7 (세트)

* 이 책은 저작권법에 따라 보호받는 저작물이므로 무단 전재와 무단 복제를 금합니다.
* 8세 이상 어린이를 위한 책입니다.